高级技工学校电气自动化设备安装与维修专业

工厂变配电技术（第二版）

习题册

唐志忠　主编

中国劳动社会保障出版社

简　介

本习题册是高级技工学校电气自动化设备安装与维修专业教材《工厂变配电技术（第二版）》的配套用书，内容紧扣教学要求，注重基础知识的巩固和基本能力的培养，知识点分布均衡，题型丰富，难易适当，有助于学生复习巩固所学知识。

本习题册由唐志忠任主编，杨晓辉、王丹、肖俊、王琳琳、郭妍、赵丽、毕妍、祁俊微、柏天缘、佟奕、吕欣阳参加编写。

图书在版编目（CIP）数据

工厂变配电技术（第二版）习题册：高级技工学校电气自动化设备安装与维修专业 / 唐志忠主编. -- 北京：中国劳动社会保障出版社，2024. -- ISBN 978-7-5167-6635-4

Ⅰ. TM727. 3-44

中国国家版本馆 CIP 数据核字第 2024KX9202 号

中国劳动社会保障出版社出版发行

（北京市惠新东街 1 号　邮政编码：100029）

*

三河市潮河印业有限公司印刷装订　　新华书店经销

787 毫米×1092 毫米　16 开本　3. 25 印张　77 千字

2024 年 12 月第 1 版　　2025 年 11 月第 2 次印刷

定价：7. 00 元

营销中心电话：400-606-6496

出版社网址：https://www.class.com.cn

https://jg.class.com.cn

目　录

第一章　电力系统概论

§1-1　电力系统的组成

一、填空题（将正确答案填在横线上）

1. 一次能源是指直接来自自然界的能源，包括______、原油、天然气等。二次能源包括______、热能、成品油等。

2. 火力发电厂的能量转换过程是燃料的化学能→______→机械能→电能。我国最大的水力发电厂是______________。

3. 太阳能发电厂通过光电转换元件（如光电池）直接将________转换为电能。

4. ____________通常是指发电、输电、变电、配电和用电的整体。

二、选择题（将正确答案的序号填在括号中）

1. 工厂供电系统要求首先保证（　　）性。

A. 经济　　B. 优质　　C. 安全

2. 供电的“优质”主要是指（　　）质量。

A. 设备　　B. 电能　　C. 电压与频率

3. 热电厂除可供给电能外，还可以供给（　　）。

A. 核能　　B. 热能　　C. 势能

三、判断题（正确的打“√”，错误的打“×”）

1. 电能的生产、输送、分配和使用的全过程是在同一瞬间实现的。（　　）

2. 发电厂是将自然界蕴藏的各种一次能源转换为二次能源的工厂。（　　）

3. 核能发电厂也称原子能发电厂。（　　）

4. 风力发电场应建在有丰富风力资源的地方。（　　）

5. 电能是使用最方便，也最清洁的能源。（　　）

6. 工厂供电系统也称为电力系统。（　　）

7. 电力系统的运行方式必须满足系统稳定性和可靠性的要求。（　　）

四、简答题

1. 水力发电厂是如何发电的？

2. 什么是电力系统？对电力系统的要求有哪些？

3. 热电厂和火电厂有什么区别？

4. 我国最大的火力发电厂、风力发电场、核能发电厂、太阳能发电厂分别在哪儿？

5. 哪类发电厂的发电量占国家发电总量的比例最大？

6. 可再生能源有哪些？

§1-2 电力系统的电压

一、填空题（将正确答案填在横线上）

1. 发电机额定电压比同级电网额定电压高__________。

2. 工厂采用的高压配电电压通常为6~10 kV。从技术经济指标来看，最好采用________kV。

3. 工厂的低压配电电压一般采用__________ V。

二、选择题（将正确答案的序号填在括号中）

1. 发电机的额定电压是指（　　）用电设备的额定电压。

A. 高于5%　　　　B. 节能　　　　C. 等于

2. 一台发电机和一台变压器相连，已知该变压器的一次侧额定电压是6.3 kV，则该发电机的额定电压是（　　）kV。

A. 6.6　　　　B. 6.3　　　　C. 6

3. 一台变压器二次侧接一线路，已知该线路的额定电压是10 kV且该线路较长，则该变压器二次侧的额定电压是（　　）kV。

A. 10　　　　B. 10.5　　　　C. 11

三、判断题（正确的打"√"，错误的打"×"）

1. 用电设备的额定电压和同级电网的额定电压相同。（　　）

2. 假如降压变压器二次侧所接较长电力线路的额定电压是10 kV，那么该变压器有两个二次侧的额定电压，分别为10.5 kV和11 kV。（　　）

3. 电气设备的额定电压是指电气设备正常工作并能获得最佳经济效果的频率和电压。（　　）

四、简答题

1. 为什么规定发电机的额定电压应高于同级电网额定电压？

2. 下图中供电系统变压器T1和线路WL1、WL2的额定电压分别是多少？

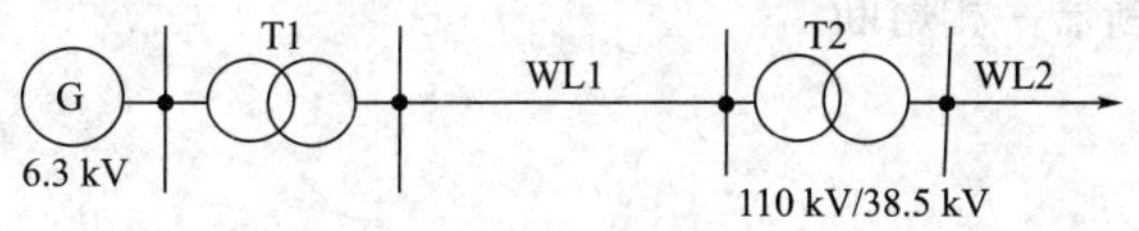

3. 你所在的地区有交流、直流特高压电网吗？它的始点与终点分别是哪里？

§1-3 电力系统中性点运行方式

一、填空题（将正确答案填在横线上）

1. 我国 3~66 kV 的电力系统，特别是 3~10 kV 的电力系统，一般采用中性点__________的运行方式。

2. 我国____kV 及以上的系统都采用中性点直接接地的运行方式。

3. 在单相接地电容电流大于一定值的电力系统中，电源中性点必须采取____________________的运行方式。

二、选择题（将正确答案的序号填在括号中）

1. 在大接地电流系统中，中性点接地的方式有（　　）种。

A. 2　　B. 3　　C. 4

2. 0. 22 kV/0. 38 kV 系统的电源中性点（　　）。

A. 经消弧线圈接地　　B. 不接地　　C. 直接接地

3. 我国 110 kV 及以上供电系统属于中性点（　　）系统。

A. 不接地　　B. 经消弧线圈接地　　C. 直接接地

4. 我国 10 kV 供电系统不属于中性点（　　）系统。

A. 直接接地　　B. 经消弧线圈接地　　C. 不接地

5. 某变配电站监视高压绝缘的相电压表的一相指示降为零，其他两相电压均升高，其原因是（　　）。

A. 电压互感器熔断器一相熔断

B. 电压表损坏

C. 系统单相接地

三、判断题（正确的打“√”，错误的打“×”）

1. 所谓的中性点运行方式，就是指发电机或变压器的中性点接地方式。（　　）

2. 当中性点不接地的电力系统发生单相接地时，三相用电设备的正常工作并未受到影响的原因是系统的线电压没变。（　　）

四、简答题

1. 为什么中性点不接地的电力系统发生单相接地时，不影响三相用电设备的正常运行，但又不允许长时间运行？

2. 消弧线圈的作用是什么？

3. 什么情况下应该采用中性点直接接地系统？为什么？

4. 工厂低压配电系统中最常见的接地形式是什么？

§1-4　工厂中常见的电气设备

一、填空题（将正确答案填在横线上）

1. 工厂中常见电气设备的工作制有连续工作制、__________工作制和短时工作制。

2. 感应电炉分为中频和高频两种，需要系数较高，但__________很低，必须采取措施提高__________。

3. 控制闸门的电动机一般属于________工作制。

二、选择题（将正确答案的序号填在括号中）

1. 生产照明是（　　）设备。

A. 断续周期工作制　　B. 短时工作制　　C. 连续工作制

2. 桥式起重机的电动机是（　　）设备。

A. 连续工作制　　B. 短时工作制　　C. 断续周期工作制

三、判断题（正确的打“√”，错误的打“×”）

1. 工厂中采用短时工作制的电气设备应用最广。（　　）

2. 采用短时工作制的电动机不能长期运行。（　　）

四、简答题

列举五种采用连续工作制的电气设备的名称。

第二章　工厂变配电所的电气设备

§2-1　高压一次设备

一、填空题（将正确答案填在横线上）

1. 变配电所中承担输送和分配电能任务的电路称为一次回路。一次回路中所有的电气设备称为________设备。

2. 常用的一次设备有高压熔断器、________________、高压负荷开关、____________、高压互感器等。

3. 凡是用来控制、指示、监测和保护一次设备运行的电路称为二次回路。二次回路中的所有电气设备称为________设备。

4. 常用的二次设备有低压熔断器、低压刀开关、低压负荷开关、______________、低压配电柜等。

5. ____________是由金属熔体（铜、铝、铝锡合金、锌等材料制成）、熔管及支持熔体的触头组成的。

6. 高压熔断器的功能主要是对电路及设备进行________保护，但有的熔断器也具有过负荷保护的功能。

7. 高压熔断器按照工作特性不同，可分为____________和____________两种。

8. RN1 和 RN2 型管式高压熔断器属于________式，禁止户外使用。

9. RW4 和 RW10（F）型户外跌落式高压熔断器既可用于 6~10 kV 线路和设备的________保护，又可在一定的条件下，直接通断小容量的空载变压器、空载线路等。

10. RW4-10/50 型是指额定电流________、额定电压________、户外 4 型高压熔断器。

11. 高压隔离开关的主要功能是隔离高压________，保证工作人员能安全地检修电气设备和线路。

12. 高压隔离开关按安装地点分类，可分为____________和____________两大类。

13. GN8-10/600 型是指额定电压 10 kV、额定电流 600 A、户内 8 型的____________。

14. 高压负荷开关具有简单的________装置，能通断一定的负荷电流和过负荷电流，不能断开短路电流。装有脱扣器时，在过负荷情况下可自动跳闸。

15. 高压负荷开关必须与高压熔断器串联使用，借助熔断器来切除________故障。

16. ____________不仅能通断正常负荷电流，还能接通和承受一定时间的短路电流。在短路时与继电保护装置配合自动跳闸，切除短路故障。

17. 高压断路器可分为油断路器、________________、____________、压缩空气断路器、磁吹断路器等。

18. 少油断路器的油只作为____________使用，而多油断路器的油既作为____________用又作为____________用。

19. ____________断路器灭弧能力强，易于制成断流能力强的断路器。

20. 由于真空中不存在气体游离的问题，所以________断路器在触头断开时很难产生电弧。

21. 高压开关柜按断路器安装方式不同，可分为__________式和固定式两大类。

22. __________________配有控制、通信装置和操动机构，能实现功能设计要求的分、合闸操作和向配电网的控制中心传送信号。

23. 自动重合器是一种自身具有控制及保护功能的高压________设备。它由____________及相应的控制、保护元件等构成。

二、选择题（将正确答案的序号填在括号中）

1.（　）有简单的灭弧装置。

A. 高压断路器　　B. 高压负荷开关　　C. 高压隔离开关

2. 没有灭弧能力的开关是（　　）。

A. 高压隔离开关　　B. 高压负荷开关　　C. 高压断路器

3. QF 是（　）的符号。

A. 避雷器　　B. 高压熔断器　　C. 高压断路器

4. 自动线路分段器在线路（　　）时能自动分闸。

A. 过电压　　B. 无电压或电流　　C. 过电流

5. 能切断正常工作电流的开关是（　　）。

A. 高压负荷开关　　B. 刀开关　　C. 高压隔离开关

6. SN10-10 是（　　）断路器。

A. 真空　　B. 六氟化硫　　C. 高压少油

7. 有灭弧能力的开关是（　　）。

A. QK　　B. QF　　C. QS

8. 高压断路器不但能分、合负载电流，也能切断短路电流，它具有（　　）功能。

A. 控制与保护　　B. 监视电气设备　　C. 过电压保护

9. 下列属于户外跌落式高压熔断器的是（　　）。

A. RN2　　B. RN1　　C. RW4

10. 兼有过载保护功能的高压熔断器的熔体材料是（　　）。

A. 铅锡合金　　B. 锌　　C. 铜丝附有小锡球

三、判断题（正确的打“√”，错误的打“×”）

1. 高压隔离开关不分户内、户外型。（　）

2. 高压负荷开关具有明显可见的断开间隙，因此也具有隔离电源、保证安全检修的功能。（　）

3. 高压断路器除在正常情况下通、断负荷电流外，还可在短路时与继电保护装置配合，自动、快速地切除故障。（　）

4. 少油断路器中的油在作为灭弧介质的同时也作为绝缘介质。（　）

5. 利用 SF_6 气体作为灭弧和绝缘介质的断路器称为 SF_6 断路器。（　）

6. 高压开关柜是按一定的线路方案将相关一、二次设备组装形成的一种高压成套配电装置。（　）

四、简答题

1. SF_6断路器有哪些特点？

2. 高压负荷开关分为哪些类型？

3. 真空断路器的特点是什么？适用于哪些场合？

4. 箱式变电站由哪几部分组成？

5. KYN28A-12 表示哪种高压开关柜？

§2-2　低压成套配电装置

一、填空题（将正确答案填在横线上）

1. 低压成套配电装置包括低压配电柜和__________等，都是按一定的线路方案将有关__________组装而成的一种成套配电装置，在低压配电系统中作动力和________配电之用。

2. 低压配电柜也称为低压开关柜，其结构有固定式、__________和__________三类。

二、选择题（将正确答案的序号填在括号中）

1. 由于价格低廉，一般中小型工厂多采用（　　）配电柜。

A. 固定式　　　B. 抽屉式　　　C. 组合式　　　D. 模块式

2. 低压成套配电装置的正确生产工艺流程是（　　）。

A. 设计→箱体、元器件等采购→采购品进厂检验→电气元件安装→检查→母线加工→配线→调试→成品检验→包装入库

B. 设计→箱体、元器件等采购→采购品进厂检验→母线加工→电气元件安装→检查→配线→调试→成品检验→包装入库

C. 设计→箱体、元器件等采购→采购品进厂检验→母线加工→检查→配线→电气元件安装→调试→成品检验→包装入库

D. 设计→箱体、元器件等采购→采购品进厂检验→电气元件安装→母线加工→检查→配线→调试→成品检验→包装入库

3. 二次回路有大线连接时，应注意导线长期使用电流应（　　）串联回路中电气元件的最小额定电流。

A. 不小于　　　B. 等于　　　C. 小于　　　D. 正比于

三、判断题（正确的打“√”，错误的打“×”）

1. 低压配电柜有时也可以兼作高压配电柜使用。（　　）

2. 低压成套配电装置的配线要求整齐、美观，导线绝缘应良好、无损伤。（　　）

3. 动力配电箱只能用于对动力设备配电，不可向照明设备配电。（　　）

四、简答题

1. GGD 系列低压配电柜在生产中比较常见，其中的字母 G、G、D 分别表示什么含义？

2. 某低压配电箱的型号为 XLM，其功能是什么？

3. 低压成套配电装置的配线工艺要求有哪些（至少写出5项）？

§2-3　电力变压器与互感器

一、填空题（将正确答案填在横线上）

1. 电力变压器按功能分为升压变压器和降压变压器两大类，工厂供电系统中常见的是______________。

2. 因为___________的两边没有电的联系，只有磁的联系，所以它具有隔离高压电的功能，从而保证二次设备和工作人员的安全。

二、选择题（将正确答案的序号填在括号中）

1. 某电流互感器的变比是600/5，则一次侧的额定电流是（　　）A。

A. 5　　B. 600　　C. 120

2. 电流互感器二次侧的额定电流多为（　　）。

A. 10 A　　B. 5 A　　C. 随主回路而变

3. 变压器是将一种交流电转换成同频率的另一种（　　）的静止设备。

A. 直流电　　B. 交流电　　C. 大电流

4. 电压互感器二次侧必须接地是为了（　　）。

A. 人身安全　　B. 抗干扰　　C. 电压互感器安全

5. 电压互感器工作时二次侧不能短路的原因是（　　）。

A. 会烧坏二次侧负载　　B. 会烧坏二次绕组　　C. 会引起二次侧感应电压

三、判断题（正确的打"√"，错误的打"×"）

1. 互感器结构和工作原理与变压器类似，是一种特殊的变压器。（　　）

2. 高压电流互感器多制成不同准确度等级的两个铁心和两个二次绕组，分别接测量仪表和继电器，以满足测量和保护的不同要求。（　　）

3. 电流互感器在工作时其二次侧不得短路，而且二次侧必须接地。（　　）

4. 高压互感器二次输出多为200 V或100 V、5 A或1 A。（　　）

四、简答题

1. 电力变压器的作用主要有哪些？

2. 互感器的功能是什么？

§2-4　电气设备的选择及运行维护要求

一、填空题（将正确答案填在横线上）

1. 低压一次设备的选择与高压一次设备的选择一样，必须满足在正常条件下和________故障条件下工作的要求，同时设备应工作安全可靠、运行维护方便、投资经济合理。

2. 电气设备按________故障条件进行校验，就是要按最大可能的短路故障时的动、热稳定度校验，以保证电气设备在短路故障时不致损坏。

3. 变压器的日常运行维护内容包括____________、____________、____________的运行维护、________________的运行维护等。

二、选择题（将正确答案的序号填在括号中）

1. 变压器低温运行时，需要特别注意（　　）。

A. 观察温控装置是否出现异常

B. 防止套管内部受潮损坏

C. 防止呼吸器因结冰被堵

D. 倾听变压器声音是否异常

2. 高压隔离开关的运行维护应注意的事项不包括（　　）。

A. 隔离开关的接触应该良好，不应发热

B. 绝缘子应完好、清洁，无裂纹及放电现象

C. 运行时，应无振动和异常声音

D. 灭弧触头及喷嘴应无烧损现象

3. 电压互感器投入运行后，应测量（　　）是否正常。

A. 一次电压　　　　B. 二次电压

C. 一次电压和二次电压　　　　D. 一次电流

三、判断题（正确的打“√”，错误的打“×”）

1. 电气设备选择的一般原则是“按正常工作条件选择，按短路条件校验”。（　　）

2. 在更换熔断器时，新熔断器必须和原熔断器的规格及型号相同。（　　）

四、简答题

1. 高压熔断器运行与维护的主要内容有哪些？

2. 变压器的日常巡视检查主要包括哪些内容？

3. 高压断路器运行与维护的主要内容有哪些？

第三章　工厂供电系统

§3-1　工厂供电系统电路图

一、填空题（将正确答案填在横线上）

1. 一次接线图也称为____________或主电路图，是表示电力系统____________和分配路线的电路图。

2. 二次接线图也称为______________或二次回路图，是指电力系统中用来控制、指示、________和保护主电路及其中设备运行的电路图。

3. 电力平面图中，英文代号 CT 表示线路用_____________________敷设，WE 表示线路____________敷设。

二、选择题（将正确答案的序号填在括号中）

1. 在分析较复杂电气原理图的辅助电路时，要对照（　　）进行分析。

A. 主电路　　B. 控制电路　　C. 辅助电路

2.（　　）是一种表示电缆或电缆束及电缆沟、槽、导管、线槽、固定件等位置的简图。

A. 电气设备电缆路由图　　B. 电气设备接地平面图　　C. 电气设备布置图

三、判断题（正确的打“√”，错误的打“×”）

1. 绘制概略图时不可用一相线代表三相线，以免造成误会。（　　）

2. 电气设备接地平面图中，一般以空心圆点表示自然接地体，以实心圆点表示人工接地体。（　　）

3. $2\frac{Y}{6+0.15}$ 表示电动机的编号为 2，型号为 Y，容量为 6 kW，安装位置离地面 15 cm。（　　）

四、简答题

如需表示变压器、断路器、互感器等电气设备的电路连接关系，一般可使用哪种电路图？图中的项目一般如何表示？

§3-2 电力负荷及其计算

一、填空题（将正确答案填在横线上）

1. 工厂电力负荷一般可分为___级。

2. 一个工厂的电力负荷随用电设备工作时负载的变化经常会发生变动。表示电力负荷随时间变化的曲线叫________曲线。

3. 进行负荷计算时，___________法是世界各国普遍采用的计算方法。

二、选择题（将正确答案的序号填在括号中）

1. 同时系数的意义在于用电设备是否（　　）工作。

A. 满负荷　　B. 同时　　C. 分期

2. 生产照明是（　　）级负荷。

A. 二　　B. 三　　C. 一

3. 对三级负荷在停电时间上的要求是（　　）。

A. 允许短时间停电　　B. 不允许停电　　C. 允许长时间停电

4.（　　）级负荷不允许停电。

A. 一　　B. 二　　C. 三

5.（　　）级负荷需要 2 个独立电源来保证供电。

A. 一　　B. 二　　C. 三

6. 办公楼的照明是（　　）级负荷。

A. 一　　B. 二　　C. 三

三、判断题（正确的打“√”，错误的打“×”）

1. 电力负荷的分级是根据其对供电可靠性的要求及中断供电造成的损失或影响的程度划分的。（　　）

2. 二级负荷属于重要负荷，不允许停电，要求由 2 个独立电源供电。（　　）

3. 年负荷持续时间曲线是根据全年的负荷变化，按照各个不同的负荷值累计（全年时间按 8 760 h 计算）持续时间绘制的。（　　）

四、简答题

1. 电力负荷的含义是什么？

2. 负荷计算的主要目的是什么？

3. 你所在地区的居民用电收费标准是怎样的？你家是波峰用电多还是波谷用电多？

五、计算题

1. 某工厂机修车间有吊车电动机 1 台，其额定功率 $P_N = 5.5\ \text{kW}$，负荷持续率 $\varepsilon_N = 40\%$，试计算该电动机的设备容量 P_e。

2. 某工厂金属加工车间有 1 台额定容量 $S_N = 2.2\ \text{kV} \cdot \text{A}$ 的电焊机，负荷持续率 $\varepsilon_N = 60\%$，功率因数 $\cos\varphi = 0.62$，试计算该电焊机的设备容量 P_e。

3. 某机修车间的金属切削机床组中，有额定电压为 380 V、功率为 7.5 kW 的电动机 3 台，功率为 4 kW 的电动机 8 台，功率为 3 kW 的电动机 17 台，功率为 1.5 kW 的电动机 8 台，试计算该用电设备组的计算负荷。

4. 某机修车间 380 V 线路上，接有额定功率为 11 kW 的金属切削机床电动机 2 台，7.5 kW 的电动机 6 台，4 kW 的电动机 15 台，2.2 kW 的电动机 18 台，1.5 kW 的电动机 12 台，此外，还有总功率为 6 kW 的通风机 4 台，吊车类电动机（$P_N = 22$ kW，$\varepsilon_N = 40\%$）1 台，电焊机 2 台（1 台备用），每台 $S_N = 42$ kV · A，$\varepsilon_N = 60\%$，$\cos\varphi = 0.62$。试用需要系数法计算该线路上的计算负荷。

§3-3　工厂变配电所及其主接线

一、填空题（将正确答案填在横线上）

1. 工厂内部供电系统由高压和低压配电________、变电所（或配电所）以及用电设备构成。

2. 母线的作用是汇集、______和传送电能。

3. 工厂内部供电系统通常由___________或工厂自备发电厂供电。

4. 变电所是从电力系统接收电能、___________并对用电设备供电的场所。

5. 工厂供配电系统由总降压变电所、______________、车间变电所、______________及用电设备等组成。

6. 单母线可用_______分段，也可用断路器分段。

7. 对于具有 2 条电源进线、2 台变压器的工厂总降压变电所，常采用______主接线。

二、选择题（将正确答案的序号填在括号中）

1. 只起电能分配作用的场所是（　　）。

A. 车间变电所　　B. 高压配电所　　C. 开关所

2. 工厂总降压变电所的二次电压一般为（　　）。

A. 6~10 kV　　B. 220 V/380 V　　C. 35~66 kV

3. 单母线分段的目的是解决不分段主接线的（　　）问题。

A. 可靠性和灵活性　　B. 经济性　　C. 安全性

4. 双母线接线克服了单母线接线的缺点，具有较高的可靠性和（　　）。

A. 经济性　　B. 安全性　　C. 灵活性

5. 变电所除了变换电压外，还有（　　）的作用。

A. 分配电能　　B. 变换功率　　C. 提高功率因数

三、判断题（正确的打"√"，错误的打"×"）

1. 目前工厂的总降压变电所和高压配电所多采用分散的户外式结构。（　　）

2. 单母线分段主接线，无论用隔离开关还是用断路器分段，其作用都是相同的。（　　）

四、简答题

1. 变配电所的作用是什么？

2. 外桥式主接线有什么优点？它适用于哪些场合？

§3-4 工厂变配电所的运行管理

一、填空题（将正确答案填在横线上）

1. 手动合上隔离开关时，必须迅速果断。合闸开始时如发生弧光，应毫不犹豫地将隔离开关________合上，严禁将其再行拉开。

2. 手动拉开隔离开关时，应缓慢而谨慎，特别是在刀片刚离开固定触头时，如产生电弧，应立即反向重新将刀开关________，并停止操作，查明原因，做好记录。

3. 如有线路或设备检修，应在电源侧（如可能两侧来电，应在其两侧）安装临时______。

4. 安装接地线时，应先接________端，后接________端，而拆除接地线的操作顺序恰好相反。

5. 高压设备发生接地时，若在室内，不得接近故障点______m 以内；若在室外，不得接近故障点______m 以内。

二、选择题（将正确答案的序号填在括号中）

1. 每张操作票能填写（　　）个操作目的的有关操作任务。

A. 一　　B. 两　　C. 多

2. 当操作隔离开关的动闸刀未完全离开静触头时，如发现带有负荷应（　　）。

A. 继续拉闸　　B. 立即合上　　C. 停在原地

3. 当操作隔离开关的动闸刀已全部离开静触头时，如发现是带有负荷拉闸，此时应（　　）。

A. 立即重新合上　　B. 一拉到底　　C. 停在原地

三、判断题（正确的打“√”，错误的打“×”）

1. 配电装置应为定期巡视的项目之一，内容包括巡视高低压配电室的通风、照明及安全防火装置是否正常。（　　）

2. 为了确保运行安全，防止误操作，电气运行人员必须严格执行倒闸操作票制度和监护制度。（　　）

3. 倒闸操作必须由两人或两人以上执行，并应严格执行监护制度。（　　）

4. 拉开单极操作的高压熔断器刀开关时，应先拉中间相再拉两边相。 (   )

5. 在一般情况下，断路器不允许带电手动合闸。因为手动合闸的速度慢，易产生电弧，但有特殊需要时例外。 (   )

6. 变配电所送电时，一般从电源侧开关开始合起，依次合到负荷侧开关。 (   )

7. 变配电所停电时，一般从电源侧开关开始拉起，依次拉到负荷侧开关。 (   )

四、简答题

1. 什么是倒闸操作？倒闸操作时需遵循哪些基本原则？

2. 工厂变配电所值班人员的职责是什么？

3. 工厂变配电所电气装置运行维护的一般要求是什么？

4. 工厂变配电所停电操作的主要程序是什么?

5. 如何防止在倒闸操作中发生误操作事故?

§3-5 工厂电力线路

一、填空题 (将正确答案填在横线上)

1. 工厂电力线路按电压高低可分为高压线路 (____kV 以上线路) 和低压线路。

2. 工厂电力线路按结构形式可分为____________、电缆线路和室内 (车间) 线路等。

3. 工厂常见高、低压电力线路的接线方式有放射式、________和环形接线等。

4. 架空线路一般采用__________。在机械强度要求较高和 35 kV 及以上的架空线路上, 多采用______________。

5. 为了防雷, 有的高压架空线上还装设有________。

6. ________线路与架空线路相比, 具有成本高、投资大、维修不便等缺点。

7. 电缆是一种特殊的导线, 在几根 (或单根) 绞绕的绝缘导电芯线外面, 包有__________和__________。

8. 电力电缆种类很多, 按其缆芯材质分为铜芯和________两大类。

9. 电缆长度宜按实际线路长度另考虑________的裕量, 以作为安装、维修时的备用。

10. 车间线路包括室内配电线路和________配电线路两类。

11. 绝缘导线按绝缘材料分，有橡胶绝缘和______绝缘两种。

12. 车间内的配电裸导线大多采取硬母线的结构，其截面形状有圆形、管形和矩形等，其材质有铜、铝和钢。车间中以采用 LMY 型________母线最为普遍。

13. 在裸导线上________，不仅能辨别相序，而且能防腐蚀和改善散热条件。

14. 导线截面选择________，虽然能降低电能损耗，但会增加有色金属的消耗量，使初始投资显著增加。

15. 按________选择导线和电缆截面时，应遵循导线和电缆在通过计算电流时产生的电压损失不应超过正常运行时允许的电压损失的原则。

16. 导线应该选择一个比较合理的截面，既能减少电能损失，又不致过分增加线路投资、维修管理费用和有色金属消耗量，这就是按________选择导线截面。

17. 按规定，高压配电线路的电压损失一般不超过线路额定电压的________。

18. 对厂区架空线路，一般要求每月进行一次巡视检查，如遇大风、大雨及发生故障等特殊情况，应临时________巡视次数。

二、选择题（将正确答案的序号填在括号中）

1. 在其他条件均相同的情况下，导线明敷与穿管敷设相比，允许电流（　　）。

A. 更大　　B. 更小　　C. 相等

2. 某线路首端电压是 220 V，并在此基础上上调 5%，用户端的电压是 210 V，则该线路的电压损失是（　　）V。

A. 42　　B. 21　　C. 35

3. 在其他条件均相同的情况下，铜芯导线与铝芯导线相比，允许电流（　　）。

A. 更大　　B. 更小　　C. 相等

4. 敷设条件相同的某 BLX 型导线，30 ℃时 10 mm^2 导线的 $I_{al}=60$ A，则 35 ℃时 10 mm^2 导线的 I_{al}（　　）60 A。

A. 大于　　B. 小于　　C. 等于

5. 对视觉要求较高的照明线路，允许电压损失为（　　）。

A. 10%　　B. 7%　　C. 2%～3%

6. 按经济电流密度选择导线截面时，经济电流密度取值越小，所选导线截面（　　）。

A. 越小　　B. 越大　　C. 不受影响

7. 380 V 架空线路，采用铝及铝合金线的最小允许截面积是（　　）mm^2。

A. 4　　B. 10　　C. 16

8. 电缆运行中绝缘最薄弱、故障率最高的部位是（　　）。

A. 电缆端头　　B. 中间接头　　C. 电缆本体

9.（　　）具有运行可靠、不易受外界影响、不需架设电杆、不占地面、不碍观瞻等优点，特别适合在有腐蚀性气体和易燃、易爆的场所使用。

A. 互感器　　B. 电缆　　C. 架空线

10. 一般在室外敷设的绝缘导线，优先选用（　　）。

A. 橡胶绝缘导线　　B. 塑料绝缘导线　　C. 裸导线

11. 交流三相系统中，裸导线 V 相的涂色为（　　）。

A. 红色　　B. 绿色　　C. 黄色

12. 选择保护中性线（PEN 线）时，其截面积应该不小于（　　）截面积。

A. 保护线　　B. 中性线　　C. 保护线和中性线中最大的

三、判断题（正确的打"√"，错误的打"×"）

1. 单回路放射式接线供电可靠性很高。（　　）

2. 直接连接树干式接线的缺点是供电可靠性低，只适用于三级负荷。（　　）

3. 环形接线的缺点是系统保护装置的整定配合比较复杂。（　　）

4. 架空线路与电缆线路相比有较多优点，所以架空线路在一般工厂中应用相当广泛。（　　）

5. 绝缘子又称瓷瓶，是用来支持导线的绝缘体。（　　）

6. 橡胶绝缘电缆优点很多，但有致命的缺点，因此只能作低压电缆使用。（　　）

7. 导线在通过正常最大负荷电流时的温度，不应该超过导线正常运行时的最高允许温度，按此原则选择导线截面的方法称为经济电流密度法。（　　）

8. 一般三相四线制线路的中性线截面应该不小于相线截面的 80%。（　　）

9. 根据经验，低压照明线路对电压的要求较高，一般先按允许电压损失选择导线截面，然后按发热条件和机械强度进行校验。（　　）

10. 电压损失是线路首、末两端电压的代数差。（　　）

11. 车间配电线路如有专门的维护电工，一般要求每周进行一次巡视检查。（　　）

四、简答题

1. 架空线路由哪些主要元件组成？与电缆线路相比有哪些优点？

2. 敷设架空线路有哪些要求？

3. 电缆线路运行与维护的一般要求是什么？

4. 线路运行中突然停电应如何处理？

§3-6 短路的基础知识

一、填空题（将正确答案填在横线上）

1. 工厂变配电系统中最常见的故障是________。

2. 在工厂变配电系统中，发生______相短路的可能性最大。

二、选择题（将正确答案的序号填在括号中）

1. 下列短路形式中，属于对称性短路的是（　　）。

A. 三相短路　　B. 两相短路

C. 单相短路　　D. 两相接地短路

2. 短路可能造成的严重后果不包括（　　）。

A. 短路时工厂变配电系统中保护装置动作，将造成停电

B. 使系统中的故障元件和短路电路中的其他元件损坏

C. 短路时短路电路中电压会骤然升高，烧毁电路中的电气设备

D. 对附近的通信线路、电子设备等产生干扰

三、判断题（正确的打“√”，错误的打“×”）

1. 造成短路的主要原因是电气设备载流部分的绝缘损坏。（　　）

2. 在工厂变配电三相系统中，三相短路造成的危害最严重。（　　）

四、简答题

在工厂变配电三相系统中，系统短路可分为哪几种类型？它们的区别是什么？

第四章　工厂变配电系统的保护及二次回路

§4-1　继电保护装置的作用及基本原理

一、填空题（将正确答案填在横线上）

1. 继电保护装置是指一个或多个____________（如继电器）和逻辑元件按要求组配在一起，完成电力系统中某项特定______________的装置。

2. 继电保护装置可以与其他自动装置配合，大大缩短短路事故的停电时间，及时恢复正常供电，从而提高供电系统的运行________性。

3. 当供电系统发生故障时，只让离故障点最近的继电保护装置动作，切除故障元件，保证其他电气设备的正常运行，这种有选择地切除故障元件的性能称为________性。

4. 继电保护装置必须经常处于准备状态，一旦在本保护区内发生短路或出现不正常工作状态时，它都不应该________动作或误动作，而是必须可靠地动作。

5. 继电保护装置对其保护区内发生的故障或不正常运行状态，无论其位置如何、程度轻重，均应有足够的反应能力，保证动作，这种性能称为________性。

二、选择题（将正确答案的序号填在括号中）

1. 继电保护装置在满足选择性的前提下应尽可能满足（　　）。

A. 速动性　　　　B. 灵敏性　　　　C. 经济性

2. 电力线路的自动重合闸装置主要作用是提高供电的（　　）。

A. 经济性　　　　B. 可靠性　　　　C. 安全性

三、简答题

1. 继电保护装置的作用有哪些？

2. 继电保护装置的基本要求有哪些？

§4-2 常用的保护继电器

一、填空题（将正确答案填在横线上）

1. 电磁式电流继电器的作用是反映被保护元件________的特性变化。

2. 电磁式时间继电器用来使保护装置获得所要求的____________，其文字符号为 KT。

3. 常见的 DS-100、DS-120 系列继电器是电磁式____继电器。

4. 通过改变主静触头的位置，也就是改变____________的行程，即可调整电磁式时间继电器的动作时间。

5. 电磁式中间继电器的作用是在继电保护装置和自动装置中增加触头________和触头________。

6. 电磁式信号继电器用来在继电保护装置和自动装置中发出保护装置动作的___________。

二、选择题（将正确答案的序号填在括号中）

1. DL 型继电器是（　　）继电器。

A. 电磁式电流　　B. 气体　　C. 电压

2. KM 表示（　　）继电器。

A. 信号　　B. 电压　　C. 中间

3. 热继电器可作为电动机的（　　）保护。

A. 短路　　B. 失压　　C. 过载

三、判断题（正确的打“√”，错误的打“×”）

1. 时间继电器在继电保护中的作用是提供保护时限。（ ）

2. 中间继电器的特点是触头数量多和触头容量大。（ ）

3. 与其他电磁式继电器一样，电磁式信号继电器动作后可以自动返回。（ ）

四、简答题

什么是电磁式电流继电器的动作电流、返回电流及返回系数？

§4-3 电力变压器的继电保护

一、填空题（将正确答案填在横线上）

1. 变压器的内部故障主要有绕组的________短路、绕组的匝间短路和中性点接地侧单相接地短路等。

2. 变压器的不正常工作状态主要有过负荷、油面降低、________过高、____________过高、____________过高、产生________或冷却系统故障等。

3. 以气体继电器为核心元件的保护装置称为________保护（又称瓦斯保护）。

4. 变压器的差动保护属于瞬时动作的主保护，它的保护范围是整个__________。

5. 作为变压器气体保护和差动保护（或电流速断保护）的后备保护的保护装置是________________保护。

6. 变压器的过电流保护包括定时限过电流保护和________过电流保护两种。

7. 当定时限过电流保护的动作时限大于________s时，应装设电流速断保护装置，作为快速动作的主保护。

二、选择题（将正确答案的序号填在括号中）

1.（ ）保护装置不能保护变压器的外部故障。

A. 定时限过电流　　B. 气体　　C. 速断

2. 对油浸式变压器，内部匝间短路时反应最灵敏的是（ ）保护装置。

A. 过负荷　　B. 气体　　C. 过电流

3. 当变压器采用差动保护后，就不必装设（ ）。

A. 气体（瓦斯）保护　　B. 速断保护　　C. 过负荷保护

三、判断题（正确的打“√”，错误的打“×”）

1. 变压器装设电流速断保护装置作为主保护，而过电流保护则作为电流速断保护的后备保护。（ ）

2. 因气体（瓦斯）保护动作最灵敏，所以气体（瓦斯）保护适用于所有类型的电力变压器的保护。（ ）

四、简答题

电力变压器在哪些情况下应装设相应的继电保护装置？常用的继电保护措施有哪几种？

§4-4 高压线路的继电保护

一、填空题（将正确答案填在横线上）

1. 工厂架空高压线路常见的故障有断线、碰线、绝缘子被击穿、各种形式的________等。

2. 对电缆来说，偶尔也会出现相间或相、地之间绝缘击穿或断裂的现象。但是________连接不良或由于污秽而产生的故障比例较大。

二、选择题（将正确答案的序号填在括号中）

1. 高压线路的（ ）保护装置有“死区”。

A. 气体（瓦斯） B. 电流速断 C. 过电流

2. 高压线路电流速断保护的“死区”是由（ ）保护来弥补的。

A. 定时限过电流 B. 低电压 C. 气体（瓦斯）

三、判断题（正确的打“√”，错误的打“×”）

1. 高压线路的定时限过电流保护至少可以保护整个被保护线路，或者说保护范围最大。（ ）

2. 高压线路的电流速断保护有动作“死区”（不动作区）的原因是没有动作时限。（ ）

四、简答题

1. 常见的高压线路继电保护措施有哪些？

2. 高压线路继电保护装置的接线方式有哪些？

§4-5　高压电动机的继电保护

一、填空题（将正确答案填在横线上）

1. 高压电动机是指额定电压在________kV 以上的电动机。

2. 高压电动机的常见故障有定子绕组相间短路、________________、定子绕组电压低、定子绕组过负荷等。

二、选择题（将正确答案的序号填在括号中）

1. 当电源电压突然降低或瞬时消失时，为了保证重要负荷的自启动，一般应对次要负荷装设（　　），且动作于跳闸。

A. 电流速断保护　　B. 过电流保护　　C. 欠电压保护

2. 高压电动机的优点不包括（　　）。

A. 功率大　　B. 承受冲击能力强　　C. 惯性小

三、判断题（正确的打“√”，错误的打“×”）

1. 供电回路一相断线可能导致过负荷。（　　）

2. 欠电压保护的作用是保证电动机在低电压条件下正常运行。（　　）

四、简答题

常见的高压电动机继电保护措施有哪些？

§4-6 变配电所的操作电源与自动装置

一、填空题（将正确答案填在横线上）

1. 变配电所中的操作电源有________、________两大类。

2. ____________在充电时会排出氢和氧的混合气体，有爆炸危险；而且排出气体会带出硫酸蒸气，有强腐蚀性，会危害人身健康和设备安全。

3. ARD 是电力线路的______________装置的简称。

4. ________是备用电源自动投入装置的简称。

二、选择题（将正确答案的序号填在括号中）

1. 装有电容器储能装置的变电所，储能电容器主要用于（　　）。

A. 断路器跳闸　　B. 发出事故信号　　C. 事故照明

2. 备用电源自动投入装置主要用于（　　）。

A. 一、二级负荷　　B. 一般设备　　C. 普通照明

三、判断题（正确的打“√”，错误的打“×”）

1. 采用交流操作电源时，有些继电保护装置经常用电流互感器所传递的短路电流作为操作电源。（　　）

2. 电力线路的自动重合闸装置只适用于电缆线路。（　　）

四、简答题

1. 什么是操作电源？

2. 目前变配电所中主要采用的操作电源有哪些类型？各有什么特点？

§4-7 变配电所的控制与信号回路

一、填空题（将正确答案填在横线上）

1. 在变配电所中，断路器的控制大部分采用____________控制。

2. 目前使用最多的断路器操动机构是__________________。

3. 中央信号装置包括____________装置和预告信号装置两种。

二、选择题（将正确答案的序号填在括号中）

1. 轻气体动作能使保护装置通过信号装置发出（　　）。

A. 事故信号　　B. 预告信号　　C. 跳闸信号

2. 在变配电所中，继电保护动作使断路器自动跳闸而发出的信号是（　　）信号。

A. 事故　　B. 预告　　C. 指示

三、判断题（正确的打“√”，错误的打“×”）

1. 控制开关是一种有转动手柄的组合式开关。它由外壳、转动手柄和触头盒等几部分组成。（　　）

2. 手动操动机构是在控制室内集中对远方断路器进行分、合闸操作的。（　　）

四、简答题

1. 什么是断路器的操动机构？工厂中常见的类型有哪些？

2. 变配电所信号回路包括哪些？各起什么作用？

3. 什么是变配电所的预告信号？请举例说明。

第五章　电气防雷与接地

§5-1　大气过电压

一、填空题（将正确答案填在横线上）

1. 过电压是指在电气线路或电气设备上出现的______正常工作电压的、对______有危害的异常电压。

2. 过电压按产生的原因不同，分为内部过电压和____________两大类。

3. 雷电过电压又称大气过电压，是由于电力系统中的设备、线路或建筑物遭受来自大气中的__________________而引起的过电压。

二、选择题（将正确答案的序号填在括号中）

1. 雷电电压的幅值通常可高达（　　）伏特。

A. 一亿　　B. 一万　　C. 一千　　D. 一百

2. 在工厂变配电系统中，由于（　　）造成的雷害事故占全部雷害事故的50%以上。

A. 内部过电压　　B. 直击雷过电压

C. 感应雷过电压　　D. 雷电波侵入

三、判断题（正确的打"√"，错误的打"×"）

1. 雷云直接对输电线路或电气设备放电，强大的雷电流通过线路或电气设备时引起的过电压就是直击雷过电压。（　　）

2. 发生感应雷过电压时，低压线路上的感应雷过电压将高达几亿伏特。（　　）

四、简答题

1. 什么是感应雷过电压？

2. 哪种过电压的危害更大？为什么？

§5-2 防雷装置

一、填空题（将正确答案填在横线上）

1. 保护间隙又称角型避雷器，是最为简单、经济的防雷设备，只用于室外不重要的__________。

2. 常见的避雷器有阀型避雷器、管型避雷器、保护间隙和__________避雷器。

3. 接地体是接闪杆的地下部分，其作用是将雷电流顺利地泄入_________。

4. 接闪线是悬挂在被保护物上方的钢绞线，由于它还要接地，所以也称______地线。

二、选择题（将正确答案的序号填在括号中）

1. 接闪杆用于防（　　）。

A. 感应雷　　B. 雷电波沿线侵入　　C. 直击雷

2. 避雷器用于电气设备的（　　）保护。

A. 大气过电压　　B. 操作过电压　　C. 谐振过电压

3. 避雷器的接地引下线应与（　　）可靠连接。

A. 设备金属体　　B. 接地网　　C. 被保护设备的金属外壳

4. 防雷接地的基本原理是（　　）。

A. 保护电气设备　　B. 过电压保护　　C. 为雷电流泄入大地提供通道

三、判断题（正确的打“√”，错误的打“×”）

1. 接闪线是防感应雷的有效措施。（　　）

2. 阀型避雷器是由装在密封瓷套管中的火花间隙和阀片（非线性电阻）串联组成的。（　　）

3. 阀型避雷器主要分为普通型和磁吹型两大类。（　　）

四、简答题

1. 接闪杆、接闪线、接闪网和接闪带分别适用于哪些场合？

2. 避雷器的主要功能是什么？

§5-3 防雷措施

一、填空题（将正确答案填在横线上）

1. 对于 10 kV 及以下架空线路，经常采用________________或高一级的绝缘子来提高线路的防雷水平。

2. 接闪杆分为________________和________________两种。

3. 在配电设备的防护中，为了防止避雷器流过冲击电流时，在接地电阻上产生的电压降沿低压零线侵入用户设备，应在变压器两侧相邻电杆上将低压零线进行________________。

二、选择题（将正确答案的序号填在括号中）

1. （　　）一般沿全线架设接闪线。

A. 10 kV 及以下架空线路　　B. 35 kV 架空线路

C. 66 kV 及以上架空线路　　D. 所有架空线路

2. 如果变配电所不在附近更高的建筑物防雷设施保护范围内，则其室外配电装置一般装设（　　）来防护直击雷。

A. 接闪杆　　B. 接闪网

C. 接闪线　　D. 保护间隙

3. 3~35 kV 配电变压器一般采用（　　）进行保护。

A. 阀型避雷器　　B. 管型避雷器

C. 保护间隙　　D. 接闪杆

三、判断题（正确的打“√”，错误的打“×”）

1. 防雷措施一般包括架空线路的防雷保护、变配电所的防雷保护、配电设备的防雷保护。（　　）

2. 对电压较高的线路，木质电杆对减少雷害事故有显著的作用。（　　）

3. 对于中性点不接地系统的 3~10 kV 架空线路，常在三角形排列的顶线绝缘子上装设保护间隙防雷。（　　）

4. 为安全起见，变配电所对直击雷的防护一般不能采用装设独立接闪杆的方法。 （ ）

5. 为了提高保护的效果，防雷保护设备应尽可能地靠近变压器安装。 （ ）

四、简答题

1. 架空线路有哪些防雷保护措施？

2. 变配电所如何进行防雷保护？

3. 工厂临时施工现场应如何做好防雷保护？

§5-4　电气设备接地

一、填空题（将正确答案填在横线上）

1. ______是指电气设备的某部分与大地之间做良好的电气连接。

2. 埋入地中并直接与大地接触的金属导体称为接地体（或接地极）。接地体分为______________和自然接地体。

3. ____________包括：上下的金属管道；与大地有可靠金属性连接的建筑物或构筑物的金属结构；直埋地下的两根以上电缆的金属外皮和敷设于地下的各种金属管道等。

4. 电气设备的接地分为___________和保护接地。

5. 工作接地是为保证________________可靠运行，达到正常工作要求而进行的一种接地。

6. 设备的金属外壳经公共的PE线或PEN线接地，也称___________，多用于中性点接地的低压三相四线制系统。

二、选择题（将正确答案的序号填在括号中）

1. 电动机外壳接地属于（　　）接地。

A. 工作　　　　B. 保护　　　　C. 重复

2. 为了保障人身安全，将电气设备上与带电部分绝缘的金属外壳与大地相连接，这种接地措施称为（　　）接地。

A. 工作　　　　B. 保护　　　　C. 重复

3. 在保护接零的供电系统中，表示三相四线制的代号是（　　）。

A. TN-C　　　　B. TN-S　　　　C. TN-C-S

三、判断题（正确的打“√”，错误的打“×”）

1. 为了保证电气设备的可靠运行，电气回路中某一点必须进行的接地，称为保护接地。（　　）

2. 避雷器的接地属于保护接地。（　　）

3. 在电源中性点直接接地的TN系统中，为确保公共PE线或PEN线安全可靠，除在电源中性点进行接地外，还在PE线或PEN线上的一处或多处再次接地，称为重复接地。（　　）

四、简答题

1. 电气设备接地的目的有哪些？

2. 保护接地有哪几种形式？

3. 工厂临时施工现场中，哪些设备设施应做保护接零？

第六章　工厂用电功率因数及提高方法

§6-1　工厂用电功率因数

一、填空题（将正确答案填在横线上）

1. 用于做功而被消耗掉的功率称为＿＿＿＿＿＿。

2. 功率因数（$\cos\varphi$）指用电设备＿＿＿＿＿＿与视在功率之比。

3. 视在功率、有功功率、无功功率之间的关系是＿＿＿＿＿＿＿＿。

4. 未投入无功补偿设备时的功率因数称为＿＿＿＿＿＿＿＿。

二、选择题（将正确答案的序号填在括号中）

1. 一设备的有功功率为 3 kW，功率因数为 0.8，则其无功功率为（　　）kvar。

A. 3　　B. 2.4　　C. 2.25　　D. 3.75

2. 我国电业部门每月向工厂用户收取电费，规定电费按（　　）的高低来调整。

A. 有功功率　　B. 无功功率

C. 年平均功率因数　　D. 月平均功率因数

三、判断题（正确的打"√"，错误的打"×"）

1. 无功功率不消耗能量，不能实现能量转换，因此，在生产中不起作用。（　　）

2. 瞬时功率因数是指功率因数的瞬时值。（　　）

3. 用电设备的无功功率不仅随电流与电压的大小而变化，还随电流与电压之间的相位差而变化。（　　）

四、计算题

已知某发电机的额定电压为 220 V，视在功率为 440 kV · A，用该发电机向额定工作电压为 220 V、有功功率为 4.4 kW、功率因数为 0.5 的用电器供电，试计算能供多少个用电器正常工作？

§6-2 提高功率因数的意义及方法

一、填空题（将正确答案填在横线上）

1. 无论是提高自然功率因数还是用无功补偿装置提高功率因数，都可以使线路的电能损耗______，提高发、变电设备的供电能力。

2. 所谓节能电动机，就是在设计制造上全面降低电动机______的功率损失，以提高电动机的效率。

3. 根据生产机械的需要，感应电动机可以采用的调速方法有利用电磁转差离合器调速、晶闸管串级调速和变频调速器调速。它们的特点是效率较高、损耗小、________效果明显。

4. 电动机的维护和保养不被重视，将造成电动机的效率降低，________增加。

5. 变压器的节能主要有两个方面：一是在选型时，应选低损耗型的变压器；二是减少变压器运行时的________损耗。

二、选择题（将正确答案的序号填在括号中）

1. 提高自然功率因数的主要方法是（　　）。

A. 安装电容器

B. 设法降低用电设备本身所需的无功功率

C. 减少感性负载数量

2. 电力变压器的节能，除了考虑选低损耗型的变压器以外，还可以采用（　　）的方法。

A. 经济运行　　B. 提高电压　　C. 减少负荷

3. 在大、中型企业中，最常见的功率因数的人工补偿方法是（　　）。

A. 同步电动机补偿　　B. 调相机补偿　　C. 静电电容器补偿

三、判断题（正确的打“√”，错误的打“×”）

1. 加强节电的科学管理是节电的措施之一。（　　）

2. 由于变压器是电源设备，通常是长期连续运行的。因此，变压器运行时的节能尤为重要。（　　）

3. 通常说提高功率因数就是指提高最大负荷时的功率因数。（　　）

四、简答题

1. 提高功率因数有何意义？

2. 提高自然功率因数的方法有哪些？

3. 从节能的角度看，应怎样选择电动机？

4. 电动机的节能措施有哪些？

第七章　工厂电气照明

§7-1　电气照明的基本概念

一、填空题（将正确答案填在横线上）

1. ________在量的方面，要在工作台面上得到合适、均匀的照度；在质的方面，要解决眩光、阴影、光色等问题。

2. ________是指光源在单位时间内向周围空间辐射出的使人眼产生光感的能量。

3. ____________是指光源向周围空间某一方向单位立体角内辐射的光通量。

4. ________是指受照物体表面单位面积投射的光通量。

5. 亮度是指发光体在视线方向单位投影面上的____________。

6. 光源的________是指光源对被照物体颜色显现的性能。

7. 工厂照明按其光源分为自然照明（自然采光）和__________两大类。

8. ____________具有灯光稳定、色彩丰富、控制调节方便和安全经济等优点，因而成为人工照明中应用最为广泛的一种照明方式。

二、选择题（将正确答案的序号填在括号中）

1. 亮度的单位是（　　）。

A. lm　　B. cd/m^2　　C. lx

2. 物体颜色失真越小，人工光源的显色指数越接近日光的显色指数，说明光源显色性能越（　　）。

A. 好　　B. 差　　C. 不确定

3. 如果照度的（　　）不好，就容易导致视觉疲劳并有不舒适感。

A. 显色性　　B. 角度　　C. 均匀性

三、判断题（正确的打“√”，错误的打“×”）

1. LED 灯的显色指数很高。　（　　）

2. 波长越偏离 555 nm 的光辐射，可见度越低。　（　　）

四、简答题

1. 怎样才能获得显色性良好的光源？

2. 什么是眩光？眩光有哪些危害？应如何限制？

§7-2 电光源、照明器及其选择

一、填空题（将正确答案填在横线上）

1. 常用的电光源按发光原理可分为热辐射光源和________光源两类。

2. 气体放电光源具有发光效率高、使用寿命______等特点。

3. 高压________的发光原理与荧光灯相同，不同的是灯内的汞蒸气压强较高，其值从一个大气压至数个大气压不等，因此光视效能比较高。

4. 金属卤化物灯是在高压汞灯基础上，为改善光色与光视效能而发展起来的一种新型光源。它具有________好、光视效能高及受电压波动影响小等优点，是目前比较理想的光源。

5. 高压铟灯、卤化铝灯等都属于______________灯具。

6. 氙灯是惰性气体放电弧光灯，氙气在高压下放电产生很强的白光，接近连续光谱，和太阳光十分相似，故有__________之称。

7. 在要求显色性高或照明开关通断频繁，或需要及时点亮和防止电磁波干扰的场所，应采用__________或卤钨灯。

8. 当灯具的悬挂高度大于 4 m 时，应考虑采用卤钨灯和高压汞灯。______要求高、被照面积大的屋外场所（广场等），宜采用管形氙灯或金属卤化物灯。

9. “从照度上满足生产条件，尽量选用光视效能高、寿命长、直接配光的灯具，以达到合理利用光通量和减少电能消耗的目的”，这是在__________选择时应首先考虑的问题。

10. LED 灯以____________为发光器件，具有使用低压电源、________、适用性强、稳定性高等优点。

二、选择题（将正确答案的序号填在括号中）

1. 在易燃、易爆场所，选择照明灯具时应选择（　　）。

A. 闭合型　　B. 密闭型或防爆型　　C. 开启型

2. 在多尘、潮湿和有腐蚀性气体的场所，应选（　　）的照明灯具。

A. 密闭型　　B. 保护型　　C. 防水型

3. 电光源中，综合显色指数最好的是（　　）。

A. 白炽灯　　B. 荧光灯　　C. 高压汞灯

4. 一般来说，电光源中（　　）的有效寿命最长。

A. 白炽灯　　　　B. 荧光灯　　　　C. 高压汞灯

5. 控制照明灯的开关的安装高度一般应为距离地面（　　）m。

A. 1　　　　B. 1.8　　　　C. 1.2~1.4

6. 对照度及显色性要求高的场所，如设计室、图书馆、教室、印刷车间等，宜采用（　　）。

A. 荧光灯　　　　B. 高压汞灯　　　　C. 白炽灯

7. 在相对湿度大于85%的潮湿场所，宜采用（　　）灯具。

A. 开启型　　　　B. 防潮型　　　　C. 经济型

8. 在一般的场所，应尽量用（　　）灯具，以得到较高效率。

A. 开启型　　　　B. 防潮型　　　　C. 防爆型

三、判断题（正确的打“√”，错误的打“×”）

1. 光源是指能产生可见光的辐射体。（　　）
2. 荧光灯属于热辐射光源。（　　）
3. 卤钨灯比白炽灯发光效率高。（　　）
4. 荧光灯具有光视效能高、寿命长、价格低等优点，因此，被广泛使用。（　　）
5. 高压汞灯适宜在显色性要求高、频繁开关或者比较重要的场合使用。（　　）
6. 高压钠灯辐射光的波长集中在人眼较灵敏的区域内，所以常用于道路等室外照明。（　　）
7. 电光源的主要性能指标有光视效能、寿命、色温、显色指数、启动性能等。（　　）

四、简答题

1. 工厂常用电光源的选择原则有哪些？

2. 高压钠灯、荧光灯和LED灯的区别有哪些？

3. 工厂应如何选择照明器的类型？

§7-3 照明种类及照度标准

一、填空题（将正确答案填在横线上）

1. 需要高照度并对照射方向有特殊要求的场合，常采用______照明方式。

2. 一般照明是电气照明的基本方式，在满足规定的______方面，它起主要的作用。

3. __________照明是在较重要的工作场所或为疏散人员设置的照明。

二、选择题（将正确答案的序号填在括号中）

1. 对于工作位置密度很大而对光源方向又无特殊要求，或工艺上不适宜装设局部照明装置的场所，宜单独使用（　　）。

A. 一般照明　　B. 混合照明　　C. 局部照明

2. 下列属于应急照明的是（　　）。

A. 值班照明　　B. 备用照明　　C. 一般照明

三、简答题

什么是应急照明？列举几个日常生活中或生产中应急照明的实例。

§7-4 照明器的布置与供电方式

一、填空题（将正确答案填在横线上）

1. 照明器的布置方式可以分为____________和____________。

2. 照明供电宜采用__________式和__________式结合的供电系统。

3. 照明配电干线和分支线应采用________________，分支线截面应不小于________mm^2。

二、选择题（将正确答案的序号填在括号中）

1. （　　），照度的均匀度好，但经济性差。

A. 距高比大时　　B. 距高比小时

C. 灯具的悬挂高度较高时　　D. 灯具的悬挂高度较低时

2. 照明系统可与动力系统共用电源的情况是（　　）。

A. 室外照明　　B. 重要工作场所照明

C. 局部照明　　D. 应急照明

3. 照明线路的负荷电流应（　　）。

A. 小于导线长期允许电流值　　B. 等于保护装置的额定电流

C. 大于导线长期允许电流值　　D. 大于保护装置的额定电流

三、判断题（正确的打"√"，错误的打"×"）

1. 照明器的悬挂高度过高时，易产生眩光。（　　）

2. 旅馆的门厅宜采用夜间定时降低照度的自动调光装置。（　　）

3. 疏散照明的出口标志灯和指向标志灯宜用应急发电机组供电。（　　）

四、简答题

1. 选择照明电压时应注意哪几点？

2. 选择照明线路导线截面时，应以什么方法为主？用什么方法进行校验？